名厨世家

注册级中国烹饪大师陈伟作品集

陈伟 著

河南科学技术出版社
· 郑州 ·

作　　者：陈　伟
总 策 划：张书安
封面题字：周俊杰
摄　　影：石　头
设计排版：知　未

图书在版编目（CIP）数据

名厨世家：注册级中国烹饪大师陈伟作品集 / 陈伟著. — 郑州：河南科学技术出版社, 2021.1
ISBN 978-7-5725-0291-0

Ⅰ. ①名… Ⅱ. ①陈… Ⅲ. ①菜谱 - 设计 Ⅳ. ①TS972.1

中国版本图书馆CIP数据核字(2021)第010478号

出版发行： 河南科学技术出版社
地址：郑州市郑东新区祥盛街27 号　邮编：450016
电话：（0371）65788613 65788636
网址：www.hnstp.cn
责任编辑： 冯　英
责任校对： 张　敏
责任印制： 朱　飞
印　　刷： 河南博雅彩印有限公司
经　　销： 全国新华书店
开　　本： 889 mm × 1194 mm　1/16　**印张：** 9.5　**字数：** 200千字
版　　次： 2021年1月第1版　2021年1月第1次印刷
定　　价： 158.00元

目　录

CONTENTS

序言

陈伟打来电话，请我为他的新书《名厨世家》写序言，陈伟是我的好朋友，诚言请托，虽是力有不逮，盛情之下，还是应承下来。

中原烹饪是中国烹饪的主要体系之一，早在宋朝时基本形成，厨师也是在宋朝开始脱离家奴的地位，成为一种职业。陈伟是开封人，开封也就是宋朝时的汴京，北宋王朝的都城，《清明上河图》描述的就是当年开封的盛景，商贾兴盛，酒肆林立。这种种，为河南烹饪留下了深厚的经验，打下了雄厚的基础。

这十几年来，在遍访各地美食的过程中，我认识了很多河南籍的厨师，工作在全国各地不同的酒楼、餐馆。与陈伟相识是十年前在广州举办的李锦记的推广活动上，他用粤菜常用的一些调味品做了几道菜，赢得了与会者的好评。后来交往多了，慢慢成了朋友，因为拍摄的需要，几次找他帮忙，陈伟尽心尽力，提供了很多帮助。陈伟给我的印象是，人厚道，功夫深，资源广，只要找到他，问题基本上就可以解决了。

陈伟是开封人，出生于名厨世家，从“百年陈家菜”创始人陈永祥老先生算起，到陈伟这一代，已经是五代传承了，这是目前国内唯一的五代传承的名厨世家，曾被中央电视台《人物》栏目大型美食记录片《美食世家——陈伟》专题报道。到了陈伟这一代，经历了伟大的改革开放，视野开阔了，格局升华了，百年陈家菜也愈加丰富了。其中“开封陈家菜”“葱烧海参”“套四宝”“百子寿桃”等已经成为非物质文化遗产。陈伟从厨三十多年来，多次走出国门，在二十多个国家表演绝技并推广中国饮食文化。应国务院新闻办邀请，在中日邦交正常化 40 周年之际，参加了“2012 感知中国·日本行”的活动，到日本表演烹饪绝技；2013 年又在瑞士的日内瓦联合国万国宫表演中国烹饪绝技，赢得了国际声誉。

《豫菜基本规范》中，有这样一段话：豫菜是由以开封为代表的传统豫菜体系，逐步演变为以省会郑州为中心的新豫菜体系的。陈伟是开封人，目前在郑州发展，出身厨师世家，又受到时代大潮的洗礼，在传承与创新之间无缝隙过渡，往来方便，穿梭自由。陈伟能够取得今天的成就，除了自身聪慧努力，更有世家传统的滋养和学习精神的补充。

《名厨世家》是陈伟对先人的深切怀念与回望，也是百年世家经典菜品在新时期的回顾与总结，继往才能开来，百年世家百年菜，百年陈家菜在新时代继续发扬光大，让我们共同期待下一个百年，期待陈家菜的辉煌。

是为序。

2020.8.29 写于北京

董克平

名厨世家

百年陈家菜三代名厨合影

左：第四代掌门人陈长安　中：第三代传人陈景望　右：第五代掌门人陈伟

五代名厨世家

清末开封“名厨三祥 ”之一陈永祥大师，于19 世纪末创制了陈家菜，五代相传，至今已逾百年，成为河南豫菜最重要的代表流派。

陈家将诸多经典名菜作为家传，形成了选料严谨、刀工精细、配料巧妙、火候独到、烹饪精细、五味调和、质味适中、注重养生的特点。

名厨世家

四世同堂

前排右三：第二代掌门人陈振生　右二：第三代传人陈景斌　右一：第三代传人陈景望　左二：第三代掌门人陈景和　左一：第五代掌门人陈伟

后排左二：第四代掌门人陈长安　右二：第四代传人段留长　右一：第四代传人陈长保

百年陈家菜创始人

陈永祥

陈永祥（1860—1938），河南名厨。百年陈家菜创始人。

陈永祥精通宫廷菜、官府菜制作技术，长期在开封府衙门事厨，以动作快、火候佳、做工细为主要特色。他是当时河南衙厨派的主要代表人物，精通传统豫菜及满汉全席、全羊席、全素席等高档系列菜肴的制作。1900 年慈禧“庚子西狩”路过河南，开封府指派陈永祥为其主办御膳。1901 年末慈禧太后与光绪皇帝回銮，路过开封府，恰逢慈禧大寿，衙门派陈永祥为其操办“万寿庆典宴”，陈永祥精心烹制了“套四宝”“红烧麒麟面”“葱烧海参”“烧臆子”“百子寿桃”“凤踏莲”等名菜，受到慈禧太后、光绪皇帝的赞赏。此后，陈家菜名声大噪，世代相传，至今已逾百年。

百年陈家菜第二代掌门人

陈振生

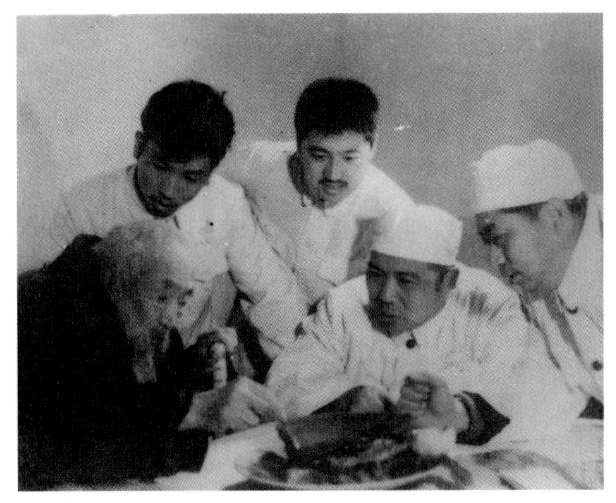

百年陈家菜第二代掌门人陈振生传道授业

陈振生（1895—1987），河南名厨。陈永祥之子，百年陈家菜第二代掌门人。

开封解放前多在官宦门第主厨，号称“衙门派”名厨，先后在河南省省长公署、河南省政府任主厨。省府各厅举办宴会亦常请他前去指导领厨，曾为河南省军务督办兼省长胡景翼做全羊席而名震省城，是当时开封“衙门派”名厨的代表，被誉为“衙厨第一”。开封解放后在又一新饭庄、第二食堂任主厨。

陈振生技术精湛，精通红、白两案，擅长满汉全席、全羊席、全素席、燕翅席、鱼翅席、广肚席、素席的烹制。在烧烤、蜜饯、腌渍及特殊原料的涨发方面均有独到之处，精通各种烹饪技法。代表菜品有“蒜子扒裙边”“一品官燕”等。

百年陈家菜第三代传人

陈景斌

百年陈家菜第三代传人陈景斌（中）、陈景和（右）、陈景望（左）

陈景斌（1921—1993），元老级中国烹饪大师，豫菜大师，河南省烹饪协会高级顾问。陈振生长子，百年陈家菜第三代传人。

13岁随父学习厨艺，从厨近六十年，精通红、白两案，能制作家传名菜三百余道。他继承祖父、父亲的厨艺绝技，擅长烹制诸多传统宴席，如燕翅席、海参席、广肚席、全牛席、全羊席，对腌制汴梁火腿、熏制腊制及制作酱菜、糕点均有独到之处，精于山珍海味及特殊原料的发制。

曾任河南省黄河水利委员会总厨。

百年陈家菜第三代掌门人

陈景和

百年陈家菜第三代掌门人陈景和传道授业

陈景和（1925—2000），元老级中国烹饪大师、特一级烹调师。陈振生次子，百年陈家菜第三代掌门人。

13 岁随父学习厨艺，从厨六十余年，能制作三百多道家传名菜。他制作的“凤栖梨”“烧臆子”“白扒鱼翅”等传统名菜别具风味。他继承陈家菜之精华，再现独具风采的“套四宝”。他与兄弟陈景望创制的“汴京八景宴”，堪称一绝，他的绝活“大翻锅”技术精湛、无与伦比。

1983 年在全国首届烹饪名师技术鉴定会上被聘为河南省代表团技术顾问，为河南省培养出一大批厨艺人才。1988 年在第二届全国烹饪大赛中，河南省共获 4 枚金牌，其子陈长安与他的徒弟陈进长共摘得 3 枚金牌。

先后在十乐芳饭庄、又一新饭庄任主厨。1978 年调宋都宾馆任副总经理。任开封市第七届、第八届人大常务委员会委员。1986 年任首届中国烹饪协会理事，曾任河南省烹饪协会副会长。被评为国家特级劳动模范，被誉为“德艺双馨”的一代豫菜宗师。

百年陈家菜第三代传人

陈景望

百年陈家菜第三代传人陈景望烹制佳肴

陈景望（1931—2012），元老级中国烹饪大师、豫菜大师。陈振生三子，百年陈家菜第三代传人。

他继承祖父陈永祥、父亲陈振生的衙厨技艺，擅长做传统豫菜及满汉全席、全羊席、全素席等高档系列佳肴。精于山珍海味及特殊原料的发制。

1945—1950年，随父在开封鼓楼街社会食堂、民生食堂学徒。1951—1971年在《陕西日报》社任厨师长。1971—1978年，先后在中国驻加拿大大使馆、驻温哥华总领事馆任厨师长。章文晋大使宴请加拿大总理特鲁多时，对他制作的“白扒鱼翅”“羊素肚”“烧鲍鱼”“酥核桃”等大加赞赏。

1978年8月回国任开封宋都宾馆餐厅部党支部书记。期间他组织挖掘宋菜六十余种，制作三百多种高档菜肴，媒体曾多次报道。

被聘为河南省烹饪协会高级顾问、河南省烹饪技术考核评委、开封市烹饪技校名誉校长、焦作市烹饪技校名誉校长、濮阳市烹饪技术顾问。

百年陈家菜第四代掌门人

陈长安

百年陈家菜第四代掌门人陈长安 1988 年获全国烹饪大赛金奖后受到省市领导的接见

陈长安（1955—），资深级中国烹饪大师，河南省财贸轻纺烟草行业大工匠，百年陈家菜非物质文化遗产传承人，餐饮业国家级评委。陈景和次子，百年陈家菜第四代掌门人。

1976 年开封技校烹调班毕业后，随父陈景和学习厨艺。1985—1987 年到江苏商专中国烹饪系深造，是河南省第一位烹饪专业的大学生。

1988 年获第二届全国烹饪大赛冷拼金牌，1993 年获第三届全国烹饪大赛热菜金牌，1993 年在河南省第三届烹饪大赛上冷拼与热菜均获金牌。

1995 年应邀赴韩国首尔老都一处大酒店任主厨，韩国电视台对他的精湛技艺进行了专题报道。2005 年在开封开办了百年陈家菜酒店，深受全国各地食客的好评。

精通豫菜，对川、粤、鲁、京、淮扬等菜系也颇有研究，特别是在挖掘“仿宋菜”和发展豫菜方面取得了显著成绩，为百年陈家菜的推广做出了巨大贡献。他的弟子遍布日本、韩国、新加坡、美国，多次在全国烹饪大赛中获奖。

百年陈家菜第四代传人

段留长

段留长（1957—），资深级中国烹饪大师。陈景和妻侄，百年陈家菜第四代传人。

1976 年开封技校烹调班毕业后，在又一新饭庄随姑父陈景和学厨，掌握了扎实的豫菜烹饪技术。1983 年参加在北京举办的全国各省市自治区菜系展示会，参展菜品“白扒鱼翅”“紫酥肉”得到时任商业部部长王磊的高度赞扬。

曾任郑州亚细亚大酒店、格兰大酒店行政总厨。

技术精湛，刀工精细，精通豫菜，旁通川、鲁、粤、淮扬等菜系主要技法。对面点和冷拼的制作颇有独到之处。多年来桃李满天下，有的学生已走出国门发展。

百年陈家菜第四代传人

陈长保

陈长保（1962—2015），资深级中国烹饪大师，国家高级技师。陈景和三子，百年陈家菜第四代传人。

自幼随父学习厨艺，精通豫菜，擅长制作燕翅席、全鱼席、山珍席、全素席，代表作品有“八珍驼蹄羹”“香盅炖雪蛤”“三丝扒鱼唇”“冰糖炖鱼骨”“芙蓉猴头”等名菜。

陈伟

百年陈家菜第五代掌门人

注册级中国烹饪大师

餐饮业国家级评委

中国烹饪协会理事

中国烹饪协会厨艺精英专业委员会副主席

世界中餐联合会青年名厨俱乐部河南区主席

世界中餐名厨交流会理事

香港李锦记顾问大师

河南餐饮与饭店协会副会长

河南省名厨专业委员会副主席兼秘书长

国家高级烹饪技师

河南省职业技术学院客座教授

河南省中原大工匠

享受河南省政府特殊津贴

开封陈家菜非物质文化遗产传承人

现任河南鲁班张餐饮技术总监

陈伟（1971—），注册级中国烹饪大师，百年陈家菜第五代掌门人。

1986 年，随祖父陈景和、叔父陈长安学习厨艺。1990 年，在开封市及河南省首届“创业杯”青工烹调大赛中均夺得第一名，被共青团河南省委命名为“新长征突击手”“烹调技术能手”，同年 11 月在全国首届“创业杯”青工烹调总决赛中获最佳奖。1993 年当选为开封市最年轻的人大代表。1993 年，在河南省第三届烹饪大赛中获得第二名，勇夺冷拼、热菜两枚金牌，被评为“河南省优秀厨师”。同年 10 月，在全国第三届烹饪比赛中，获得两枚金牌，获团体赛金杯。1999 年在全国第四届烹饪比赛中获金牌，2006 年在全国首届厨艺绝技演示暨鉴定大会上表演的“气球上切肉丝”被评为“最佳绝活奖”，“蒙眼整鸭脱骨”被评为“厨艺超群奖”。2007 年由中国名厨委员会推荐分别参加了 3 月 18 日“中国第三届火锅美食节开幕式”、4 月 18 日“中国烹饪协会成立 20 周年庆典”、5 月 18 日“香港回归十周年全国名厨荟萃为公益”大型活动，表演的“气球上切肉丝”“蒙眼整鸭脱骨”技术精湛、刀工精细，多次被评为最佳绝活表演奖。

2007 年 12 月获“河南烹饪成就奖”和“河南餐饮文化建设突出贡献奖”，2010 年获“中华名厨白金奖”。2012 年荣获“中国豫菜百杰”称号。2013 年 12 月在马来西亚世界烹饪大赛上担任评委。2015 年 9 月获全国最美厨师入围奖。2016 年 4 月荣获“中国烹饪艺术家”称号。2017 年 5 月被中国烹饪协会评选为“餐饮 30 年杰出人物”。2017 年 5 月担任“一带一路”国际美食艺术大赛评委。2018 年 3 月获河南省餐饮“金鼎奖”。2018 年 5 月获“中国餐饮改革开放 40 年技艺传承突出贡献人物奖”。2020 年获郑州市“五一劳动奖章”。2020 年 8 月获批享受河南省政府特殊津贴。2020 年被评为中原大工匠。2020 年陈伟大师工作室被河南省人社厅评为省级大师工作室。

不仅精通豫菜，旁通川、鲁、粤、淮扬等菜系主要技法，同时还非常注重技术经验的总结，1990 年至今分别在《中国烹饪》《餐饮世界》《东方美食》《四川烹饪》《餐饮文化》《中国大厨》等杂志上发表百篇创新菜肴文章，著有《新派热菜》《创新菜肴与果雕》《中国官府菜》《鼎立中原》《烹坛精粹》《中和大味》等书。

培养的多名弟子分别在河南省及全国烹饪大赛中获得金牌。

百年陈家菜第五代传人

陈敬文

陈敬文（1993—），陈长保之子，百年陈家菜第五代传人，高级烹调师。18 岁随伯父陈长安学习厨艺，在前辈的言传身教下，烹饪技术得到了迅速的提升。

2016 年获“裕丰杯”郑州春季菜品交流会特金奖，作品被评为“十佳名菜”。2018 年获第七届全国饭店职业技能竞赛金奖、总决赛特金奖。2018 年在郑州市第四届职业技能竞赛中获得第一名，荣获 2018 年年度技术明星奖。

陈敬文精通豫菜，旁通川、湘、粤等菜系主要技法，同时非常注重技术经验的总结。擅长烹制家传名菜“套四宝”“莲花鸭签”与经典名菜“葱烧海参”“文火小牛肉”“八宝豆腐”等。

现任河南鲁班张葱烧参马庄街店主厨。

套四宝（开封市非物质文化遗产）

“套四宝”源于“日月套三环”一菜，“日月套三环”为开封传统名菜，以冬瓜、鸭、鸡相套而成。因冬瓜在外，有混沌初开之意。清朝末年，开封衙门派名厨陈永祥将鸭、鸡、鸽、鹌鹑层层相套，创制出“套四宝”。1901年末，慈禧太后在返京途中路过开封，恰逢她大寿，开封衙门派名厨陈永祥为其操办万寿庆典宴，精心制作的“套四宝”受到慈禧太后的赞赏。从此这个菜肴作为家传名菜世代相传，已逾百年。此菜充分体现了衙门派功夫的精细：将四禽分别整只出骨，个个如肉布袋且滴水不漏。将其依次套好之后，佐清汤上笼蒸透，这一蒸使鹌鹑腹内的干贝、海参、火腿、冬菇、金钩等配料之味混合进鹌鹑香、鸽香、鸡香、鸭香而渗进汤汁内，这种混合鲜味虽有奢侈之嫌，但确实浓郁适口，堪称豫菜艺苑的一朵奇葩。2000年被评为“河南名菜”，2003年被评为“中华美食绝技”，2013年被评为“开封市非物质文化遗产”

主料：鸭子1只（约2.5千克）

配料：雏鸡1只（约1千克），乳鸽1只（约300克），鹌鹑1只（约100克），水发干贝丝10克，水发海参丁10克，生火腿丁10克，水发鱿鱼丁10克，大金钩10克，青豆10克，熟糯米10克，冬菇丁10克，鸡肠笋1根，葱段、姜片各100克

调料：盐20克，绍酒20克，酱油3克，清汤2.5千克

制作方法：

1. 鸭、鸡、鸽、鹌鹑去内脏后，分别整只出骨，成布袋形，剁去爪骨、膀尖和2/3的嘴尖，均洗净备用。
2. 干贝丝、海参丁、火腿丁、冬菇丁、鱿鱼丁、大金钩、青豆、熟糯米加10克盐、10克绍酒拌成馅料，装进鹌鹑腹内，放在汤锅内浸出血沫。将鹌鹑装入鸽腹内，仍浸出血沫，装入鸡腹。同样操作将鸡装入鸭腹。用鸡肠笋将鸭开口处扎住，再在汤锅中浸透，捞出用温水洗净。
3. 取大盆一只添清汤，下入葱、姜，放进套四宝，上笼旺火蒸烂，捞入品锅中；盆内汤汁用纱布滗滤在炒锅中，放10克盐、10克绍酒、酱油，烧开后倒入品锅即可上桌。

特点：汤清味醇，肉烂酥香

荷香翡翠鱼米

主料：鲢鱼肉 1 千克

配料：鲜荷花 1 朵，蜜豆 50 克

调料：盐 30 克，绍酒 10 克，矿泉水 500 克，清汤 50 克，湿生粉 5 克，精炼油 30 克

制作方法：

1. 鲢鱼肉用刀平刮，将鱼肉刮成鱼蓉放在清水中泡去鱼血后，放入搅拌机，加盐 25 克、绍酒 8 克、矿泉水 500 克，搅打上劲成糊状，用手挤成小粒状的鱼米放入凉水锅中，用小火慢慢加热至熟，捞出。

2. 炒锅添入精炼油置火上，下入蜜豆、鱼米、盐 5 克、绍酒 2 克、清汤、湿生粉，迅速翻炒一下，出锅盛在盘中鲜荷花瓣上面即可。

特点：鱼米洁白，荷花清香

葱烧海参

（郑州市非物质文化遗产）

主料：海参 1 条

配料：山药段 50 克，葱段 50 克

调料：海参汁 50 克，蚝油 3 克，绍酒 5 克，白糖 3 克，高汤 100 克，葱油 10 克，精炼油 500 克

制作方法：
山药段、葱段分别放入油中，炸熟捞出，与海参及调料放在一起小火烧制 20 分钟，出锅装盘即可。

特点：海参软糯，葱香味浓

糖醋软熘黄河鲤鱼带焙面
（河南省非物质文化遗产）

“糖醋软熘黄河鲤鱼带焙面”是显示火候功夫的一道名菜，它的四大绝技久负盛名。“熘鱼焙面”是开封传统佳肴之一，由“糖醋熘鱼”和“焙龙须面”两道名菜配制而成。1901年，慈禧太后返京途中路过开封，陈永祥大师受命供奉的“糖醋熘鱼”和“焙龙须面”，深受慈禧太后的赞赏，并手书“熘鱼何处有　中原古汴州”。此后陈家将此菜作为家传名菜，代代相传。这道菜体现了陈家菜的四大绝技：一是选料严格，选用开封黑岗口至兰考这段黄河出产的鲤鱼（三斤左右），这种鱼肉味纯正，鲜美肥嫩；二是大翻锅，4条各三斤的鱼，约四斤的汤汁，用勺轻轻一点，锅猛地一掂，鱼腾空而起转身180度，又轻轻入锅，且汤汁不溅；三是活汁，成菜汤汁柿黄，起明发亮，活汁冒鱼眼泡；四是味味透出，似无却有。陈景和大师烹制的这道菜，甜酸咸三味，软嫩鲜香；焙面细如发丝，蓬松酥脆，风味独特。

主料：黄河鲤鱼1尾（约1.5千克）

配料：葱姜丝各30克，焙面1份

调料：盐3克，葱姜汁100克，白糖300克，白醋50克，胡萝卜汁50克，湿生粉20克，精炼油1千克，清汤500克，绍酒适量

制作方法：

1. 鲤鱼宰杀后，在鱼身两面各解瓦楞形花刀8刀，用葱姜丝、绍酒腌制10分钟。放入三成热的温油浸炸6分钟。
2. 炒锅添入盐、葱姜汁、白糖、白醋、胡萝卜汁、湿生粉、清汤置旺火上，待汁沸后下入浸熟的鲤鱼与250克热油，将汁烘活，待鱼入味后盛入盘中，上席时跟带焙面。

特点：鱼肉细嫩，酸甜咸适口，焙面蘸汁食用风味独特

生腌阿根廷大红虾

主料：阿根廷红虾 8 只

配料：蒜蓉 100 克，泰椒圈 3 克

调料：盐 30 克，白糖 200 克，鲜辣露 10 克，青芥辣 5 克，胡萝卜油 20 克，香油 10 克，纯净水 200 克

制作方法：
将大虾解冻后，开背取虾线，剪去虾须虾足，洗净后，放入调料、配料，腌制 24 小时后即可装盘食用。

特点：虾肉爽口，甜香怡人

红烧麒麟面

“红烧麒麟面”是满汉全席中的大件名珍之一。此菜选用犴达罕（驼鹿）面部的下半部分为原料，在宫中御厨称之为牙神鼻、麒麟面。

此菜原料加工复杂，麒麟面经烤泡刮后，再经三水煮、三汤焖，才能烹制。否则异味腥重，难以入口。烹制后的麒麟面，黑中透亮，入口如羹似腐，滋味醇浓，肉烂香糯，表面完整。

清末年间衙厨名师陈永祥擅长烹制此肴，后其孙陈景和继承并加以改进完善，烹制此肴颇有独到之处，现由百年陈家菜第五代掌门人陈伟传承和发展。

主料：犴鼻 1 只（约 2.5 千克）

配料：菜心 6 棵，葱段 100 克，姜片 50 克，秘制大料 100 克

调料：盐 50 克，味精 10 克，蚝油 100 克，冰糖 50 克，生抽 50 克，糖色 10 克，花雕酒 100 克，湿生粉 10 克，高汤 10 千克

制作方法：

将犴鼻初步加工后，放入开水中汆透捞出，放在汤桶内，加入葱、姜、秘制大料和盐、味精、蚝油、冰糖、生抽、糖色、花雕酒、高汤，用大火烧开，小火煨制 8 小时，待肉烂时取出装盘，菜心焯熟围在旁边，将原汁勾入湿生粉，出锅浇在犴鼻上。

特点：肉烂香糯，滋味醇浓

绣球马蹄

主料：鲜马蹄 300 克

配料：虾蓉 200 克，熟海胆 20 克

调料：盐 3 克，绍酒 6 克，葱姜汁 50 克，葱油 100 克，蛋清 1 个，湿生粉 30 克

制作方法：

1. 虾蓉加入盐 2 克、绍酒 3 克、葱姜汁 50 克、湿生粉 20 克，顺着一个方向搅打上劲，待用。
2. 鲜马蹄去皮后片成薄片，再切成细丝。虾蓉用手挤成直径 1 厘米的丸子，表面裹上马蹄丝，呈绣球形，上面放上熟海胆，上笼蒸 5 分钟后，取出摆放在盘中。
3. 炒锅置火上，下入高汤、盐 1 克、绍酒 3 克，待汁沸腾后，勾入湿生粉 10 克，淋入蛋清，将汁均匀地浇在绣球马蹄上即可。

特点：马蹄爽脆，虾蓉鲜香

蒜子烧裙边

主料：水发裙边 600 克

配料：蒜子 250 克，菜心 2 棵

调料：蚝油 10 克，白糖 8 克，绍酒 6 克，鲍鱼汁 20 克，生抽 10 克，高汤 500 克，湿生粉 20 克，葱油 80 克，熟猪油 80 克

制作方法：

1. 水发裙边偷刀剞上一字形花刀，放入开水中汆透捞出。菜心焯熟，蒜子放入葱油中炸黄捞出。

2. 炒锅置火上，添入熟猪油、葱油、蒜子、裙边与蚝油、白糖、绍酒、鲍鱼汁、生抽、高汤，用小火烧制 30 分钟后，勾入湿生粉，出锅盛入盘中。

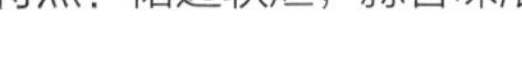

特点：裙边软烂，蒜香味浓

清汤菊花干贝

干贝是扇贝等的肉柱（闭壳肌）的干制品，河南俗称“江干”，其因味道鲜美被列作“海八珍”之一。

把水发干贝制成菊花状，佐以清汤，形态雅致，色泽鲜艳，滋味清醇，是一味上乘汤菜。

主料：干贝 50 克

配料：鸡糊 150 克，火腿蓉 15 克，鲜马蹄 5 个

调料：盐 3 克，料酒 10 克，清汤 1 千克

制作方法：

1. 将干贝用温水淘洗干净，开水泡软，去掉腰箍（又叫轻筋）。放入碗内，用热水浸没，上笼用旺火蒸烂，取出备用。
2. 将马蹄焯水后，片成 24 片，逐片填鸡糊抹平。再将蒸好的干贝掰成小块，捻成扇面形，斜插鸡糊一周；依此方法再做第二层，做成菊花状，然后在菊花中间放上火腿蓉，放在盘内，上笼蒸透成菊花干贝备用。
3. 锅内添入清汤，加入料酒、盐，旺火煮沸，撇去浮沫，倒入汤碗内，放进菊花干贝即成。

特点：形如菊花，造型优美

茉莉花熘鱼片

主料：鱼肉 500 克

配料：鲜茉莉花 10 朵

调料：秘制酒糟 20 克，盐 5 克，湿生粉 10 克，高汤 200 克，精炼油 500 克，葱姜汁 50 克

制作方法：

1. 鱼肉用刀剁碎后用清水漂洗干净，放入多功能搅拌机打成细蓉，加入盐、葱姜汁，搅打上劲后，取出。
2. 取平底锅倒入精炼油，油面高度约 1 厘米。将鱼蓉用小勺挖出倒入锅中，形成鱼片。用微小火将鱼片滑汆至熟，取出。再入开水中汆一下，捞出。
3. 炒锅添入适量精炼油，置火上，下入高汤、秘制酒糟、鱼片，汁沸后勾入湿生粉，出锅盛入盘中，撒入鲜茉莉花。

特点：鱼片洁白细嫩，茉莉花清香

金汤扣大网鲍

主料：大网鲍 1 只

配料：金汤汁 300 克

调料：盐 5 克，绍酒 6 克，湿生粉 10 克

制作方法：
将煲好入味的大网鲍加入金汤汁与盐、绍酒，用砂锅再烧制 10 分钟，勾入湿生粉，出锅，盛入盘中即可。

特点：鲍鱼软烂，金汤醇厚

山海兜

"山海兜"是北宋的宫廷御馔，因取高山之珍味、大海之奇鲜烹为一肴而得名。此菜选高山佳蔬蕨菜、竹笋、猴头为素料，取海中珍味海参、干贝为荤料。前者清淡、嫩脆、爽口，益气、健胃、防癌；后者滋味醇厚鲜美，补肾益精、养血润燥，二者相得益彰，既是美味佳肴，又是理想的保健食品。

主料：水发海参 150 克

配料：熟干贝 100 克，猴头蘑 100 克，蕨菜（拳菜）100 克，笋尖 100 克，姜米 10 克，葱花 10 克，绿豆粉皮 3 张

调料：盐 3 克，料酒 5 克，醋 10 克，胡椒粉 5 克，白糖 5 克，芝麻油 10 克，味精 5 克，面酱 20 克，熟猪油 75 克，湿淀粉 10 克，清汤、高汤、芡糊适量

制作方法：

1. 熟干贝与水发海参、笋尖均切成小丁，备用。猴头蘑放在开水锅里煮一下，去污洗净，用开水汆五六次，高汤提鲜，控去水分，切成小丁备用。蕨菜用开汤焯一下，晾凉切碎备用。
2. 炒锅置旺火上，放入熟猪油，至五成热时放入葱花炒出香味，再放入熟干贝丁、海参丁、笋丁、猴头蘑丁、蕨菜碎，随即加入盐、胡椒粉、白糖、味精、面酱、料酒，翻两个身菜入味，添入清汤，勾入湿淀粉。将汤收浓盛出晾凉，分成 12 份。
3. 粉皮用开水泡软，搌干水分，裁出 12 个边长 15 厘米的等边三角形，分别放上一份炒好的馅，抹上芡糊，包成三角形，放入盘内上笼蒸熟，取出即成"兜子"。
4. 醋、姜米、芝麻油放在一起兑成汁，随"兜子"同时上桌。

特点：晶莹剔透，外筋里糯

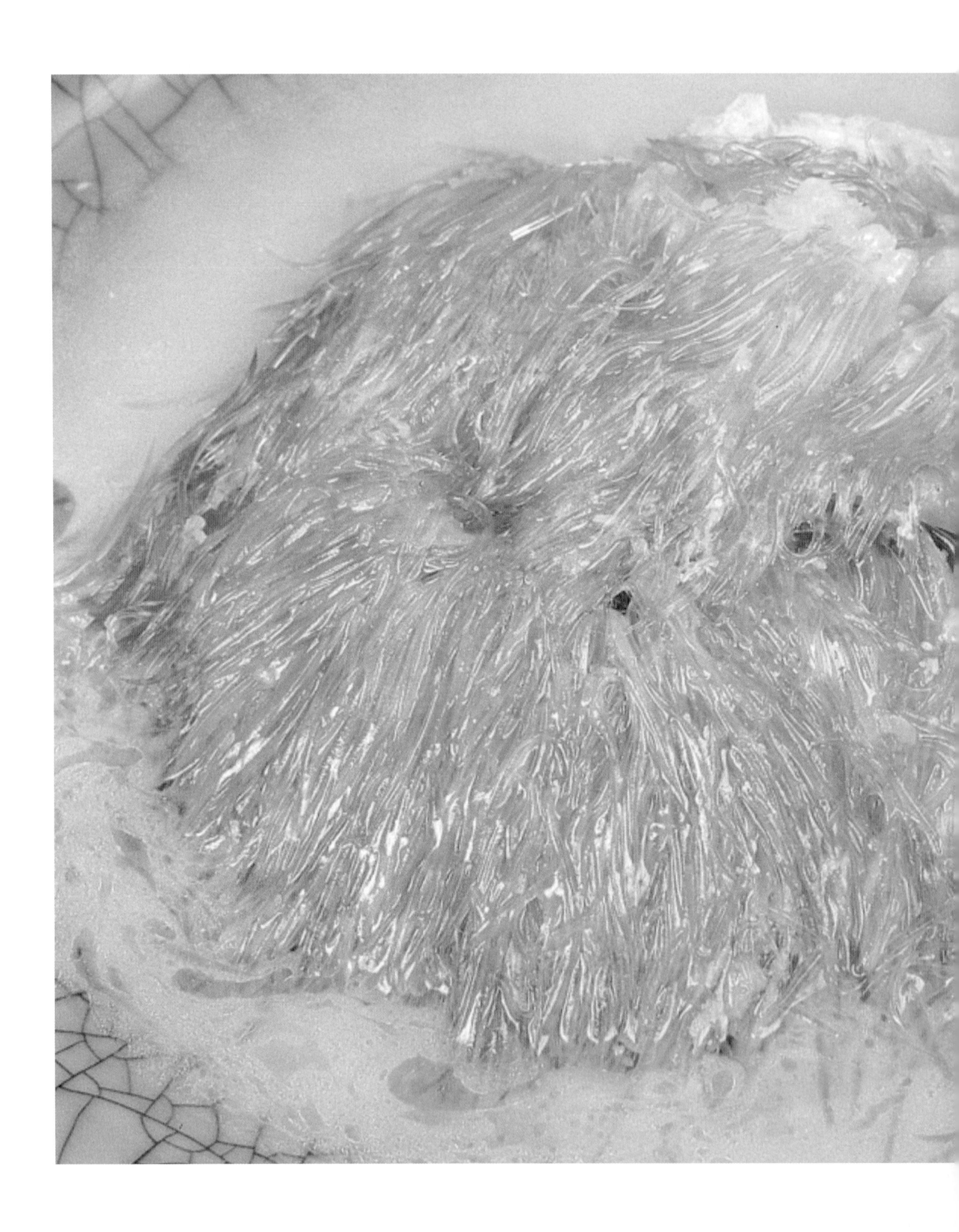

白扒鱼翅

鱼翅一物虽珍，论其味道，却也不足。故烹制鱼翅断然离不开好汤，离不开火腿、鸡腿、肘肉这些原料为其增鲜、使其入味。但要使无味之物入味，技法必须得当，豫菜的箅扒法就是上佳之术。此菜在锅箅上先铺上火腿片、冬菇、冬笋，再铺鱼翅，鱼翅之上再铺鸡腿、肘肉，放置锅内，添好汤、猪油及调味品，先武火，后文火，长时间扒制，方使鱼翅入味，最后武火收汁，才有质柔味醇。这般扒制的功夫，丝毫马虎不得，否则这道大菜就寡淡无味了，豫菜宗师、名厨世家第三代掌门人陈景和烹制此菜颇有独到之处。

主料：水发鱼翅 800 克

配料：水发冬菇 50 克，火腿 50 克，冬笋 50 克，熟鸡腿 2 只，熟猪肘肉 200 克

调料：绍酒 10 克，姜汁 50 克，盐 10 克，奶汤 500 克，头汤适量

制作方法：

1. 把发好的鱼翅撕成大片，用头汤杀去腥味，将冬菇、冬笋、火腿切成片均匀对称地铺在锅垫上。再把鱼翅翅针向外，均匀地铺在上面。将氽好的鸡腿、肘肉放在鱼翅上面。
2. 炒锅置火上，放入熟猪油、奶汤、盐、绍酒、姜汁，将铺好的鱼翅放入，旺火扒 10 分钟，改用小火扒制入味，拣去鸡腿、肘肉，扣入盘内。锅中汤汁用旺火收汁，将收好的汁浇在鱼翅上即成。

特点：质柔味醇

烧 酿 脱 骨 鱼

主料：鲈鱼 1 条（约 800 克）

配料：虾糊 50 克，海参丁、鲍鱼丁、干贝丝、蟹黄、香菇丁、海胆肉各 10 克，葱姜蒜末各 10 克，鲜荷叶 1 张

调料：蚝油 10 克，生抽 5 克，绍酒 8 克，白糖 5 克，湿生粉 10 克，三合油 100 克，高汤 1 千克，葱油、精炼油适量

制作方法：

1. 鲜荷叶用开水烫一下，捞出放入盘中待用。鲈鱼从鳃中用去骨刀将鱼骨剃除后，将其他配料酿入鱼腹中，放入六成热的油中炸一下捞出。

2. 炒锅添三合油置旺火上，下入葱姜蒜末炝锅，再下入炸好的脱骨鱼、蚝油、生抽、绍酒、白糖、高汤烧制 10 分钟后，勾入湿生粉，淋葱油，出锅盛入放有荷叶的盘中。

特点：鱼肉细嫩，无骨无刺

金鱼戏莲

主料：水发官燕 50 克

配料：鲜百合 50 克，鱼糊 30 克，布丁粉 20 克，红桂花 10 克

调料：盐 3 克，绍酒 5 克，红花汁 1 克，湿生粉 5 克，清汤 200 克，葱油 5 克

制作方法：
1. 鱼糊分两份放在盘中，将鲜百合呈莲花形插在上面，中间放上水发官燕，上面用红桂花点缀，上笼蒸 5 分钟后取出。
2. 布丁粉放入模具中冻成金鱼形，取出摆放在盘中。
3. 炒锅放置中火上，加入盐、绍酒、红花汁、清汤，汁沸后勾入湿生粉，淋葱油，出锅将汁浇在菜肴上面。

特点：造型美观，软糯适口

鸽吞燕

主料：乳鸽 1 只

配料：水发官燕 80 克，葱姜片各 15 克，菜心 1 棵

调料：盐 2 克，绍酒 3 克，清汤 300 克

制作方法：
将乳鸽整料去骨后，洗净，装入水发官燕，用牙签封口后放入汤盅内，加盐、绍酒、清汤、葱姜片上笼蒸 50 分钟，取出，点缀菜心即可。

特点：鸽肉酥烂，官燕绵软

八宝葫芦鸽

主料：乳鸽两只

配料：熟糯米50克，虾仁丁、海参丁、广肚丁、干贝丝、鱿鱼丁、火腿丁、鲍鱼丁各10克，葱姜末各50克
调料：卤汤1千克，高汤300克，湿生粉10克，葱油10克

制作方法：
1. 将乳鸽整料去骨后，将配料拌成馅装入鸽腹内，用绳在鸽腰处绑定呈葫芦形，放入开水中汆一下捞出。
2. 把葫芦鸽放入卤汤中小火卤制40分钟后，捞出摆放在盘中。
3. 取卤汤50克放入锅中，加入高汤，勾入湿生粉，淋入葱油，出锅浇在葫芦鸽上面即可。

特点：葫芦造型，乳鸽香浓

鲁班張

山药玫瑰饼

主料：云南糖玫瑰 200 克，铁棍山药 200 克

配料：花生碎、熟芝麻、核桃仁各 30 克

调料：蜂蜜 50 克

制作方法：

1. 将山药上笼蒸熟，泥成蓉待用。
2. 将云南糖玫瑰加入蜂蜜、花生碎、熟芝麻、核桃仁，拌成馅。
3. 将山药蓉包入玫瑰馅，放入专用的模具中，压制成玫瑰饼，装盘即成。

特点：山药细嫩，玫瑰甜香

官府薄荷鸡

这是一款由北宋历史名馔“黄金鸡”演变而成的菜肴。北宋时期养鸡、食鸡已十分普遍。北宋以蜀鸡、鲁鸡、越鸡最为著名，以鸡为菜肴已成为北宋人招待客人的“佳珍”。宋人吴自牧的《梦梁录》记载了许多以鸡为原料的菜肴，如黄金鸡、酒蒸鸡、五味焙鸡等。陈家菜第五代掌门人陈伟在“黄金鸡”的基础上，配以鲜薄荷叶，使此菜闻之香气扑鼻，引人食欲。

主料：鸡腿肉 500 克

配料：薄荷叶 100 克，葱姜蒜末各 10 克

调料：薄荷油 10 克，盐 5 克，白糖 10 克，白醋 10 克，蛋清 1 个，湿生粉 10 克，精炼油 500 克

制作方法：

1. 将鸡腿肉切成 2 厘米见方的丁，加入蛋清、湿生粉拌匀，与薄荷叶分别放入五成热的油锅中炸熟。
2. 炒锅置火上，下入葱姜蒜末、鸡腿肉、薄荷叶与盐、白糖、白醋，翻炒两下出锅装盘。

特点：外焦里嫩，薄荷味浓

关东参扣生蚝

主料：进口大生蚝 1 只，水发关东参 1 条

配料：西兰花 1 朵，葱段 20 克，姜片 10 克

调料：鲍鱼汁 10 克，李锦记旧庄蚝油 10 克，李锦记草菇老抽 2 克，李锦记天成一味 5 克，绍酒 10 克，盐 5 克，湿生粉 10 克，高汤 500 克，花生油 50 克

制作方法：

1. 进口大生蚝洗净，将生蚝肉取出。砂锅添入高汤，下葱段、姜片、绍酒、盐、生蚝肉，小火煨制 10 分钟。西兰花、水发关东参分别放入开水中飞一下。

2. 砂锅添入花生油，下入鲍鱼汁、李锦记旧庄蚝油、李锦记草菇老抽、李锦记天成一味、关东参、生蚝肉，烧制入味后勾入湿生粉，出锅盛入放有西兰花的盘中。

特点：色泽红亮，软糯适口，营养丰富

血燕山药蓉

主料：铁棍山药 200 克

配料：水发血燕 50 克

调料：椰浆 20 克，三花淡奶 20 克，炼乳 20 克，蜂蜜 30 克，冰糖水 100 克

制作方法：
1. 铁棍山药去皮上笼蒸熟后搅打成泥状，加入椰浆、三花淡奶、炼乳、蜂蜜拌匀，放在碗中。
2. 水发血燕加入冰糖水上笼蒸 10 分钟，取出放在山药泥上面即可。

特点：山药泥细嫩，血燕微甜清香

荷香芙蓉虾仁

主料：河虾仁 300 克

配料：荷花 1 朵，荷叶 1 张，蛋清 5 个，鲜莲子 100 克，葱姜末各 10 克，青豆 5 克

调料：盐 5 克，绍酒 6 克，湿生粉 10 克，清汤 100 克，精炼油 500 克，葱油 10 克

制作方法：

1. 将鲜荷叶用开水烫一下，与鲜荷花一起摆放在盘中。
2. 蛋清放入三成的温油中划散，呈芙蓉状后出锅滗油。炒锅重放旺火上，下入葱姜末炝锅，再下入河虾仁、芙蓉蛋清、莲子、青豆、清汤、盐、绍酒、湿生粉，翻炒两下，出锅淋葱油，盛在荷叶上面。

特点：虾仁清香，芙蓉滑嫩

裙边扒广肚

广肚唐代已成贡品，宋代渐入酒肆，一直属珍品之列。此物入菜，七分在发，三分的烹制最佳是扒。豫菜的扒，以箅扒独树一帜。数百年来，“扒菜不兑芡，功到自然黏”，成为庖人与食客的共同标准和追求。“裙边扒广肚”作为百年陈家菜传统高档宴席广肚席的头菜，是这一标准和追求的体现。

主料：水发裙边 200 克，水发广肚 300 克

配料：菜心 5 棵，熟猪肘肉 100 克，熟鸡腿 2 个，葱段 50 克，姜片 30 克

调料：奶汤 500 克，盐 6 克，绍酒 6 克，三合油 50 克，精炼熟猪油 50 克

制作方法：

1. 将水发裙边卧刀片成大片，水发广肚切成5厘米长、1.5厘米宽的片，分别放入开汤中汆透捞出。将裙边片整齐地摆放在竹锅垫中间，周围摆放水发广肚片，上面放葱段、姜片、熟肘肉、熟鸡腿。
2. 炒锅添入精炼熟猪油、奶汤，下入盐、绍酒。下入摆整齐的“裙边广肚”，汁沸后换用小火慢慢扒制，待汁浓菜肴入味时取出，翻扣入圆盘内。菜心焯熟调入味摆放在圆盘边上。锅内原汁淋入三合油，出锅浇在菜肴表面即可。

特点：汤汁洁白，原料软烂，营养丰富

葛仙米炖鱼翅

鱼翅制作方法多样，但用葛仙米配着烹制并不多见。这个菜肴是陈家菜的代表作之一，现今陈家菜第五代掌门人陈伟烹制得最为经典。

主料：水发鱼翅 500 克

配料：水发葛仙米 100 克

调料：盐 5 克，绍酒 10 克，湿生粉 10 克，高汤 500 克，三合油 100 克

制作方法：

炒锅内加入三合油、高汤、水发鱼翅、水发葛仙米、盐、绍酒，烧制 20 分钟后勾入湿生粉，出锅盛入盘中即可。

特点：鱼翅筋软，汤鲜味美

蟹粉烩海参

主料：水发海参 400 克

配料：手拆大闸蟹蟹粉 80 克，姜蓉 30 克

调料：盐 5 克，白糖 8 克，李锦记财神蚝油 10 克，绍酒 10，李锦记红烧汁 4 克，高汤 500 克，胡椒粉 2 克，葱油 80 克

制作方法：

1. 将水发海参直刀切成 3cm 长的段。
2. 炒锅加入葱油置中火上，下入姜蓉、蟹粉炒出香味，再添入调料、水发海参段，烧制约 30 分钟，待汤汁黏稠后出锅装盘。

特点：海参软糯，蟹粉鲜香

香脆龙鳞鱼

主料：鲜鲈鱼 600 克

配料：葱姜片各 50 克

调料：盐 8 克，绍酒 10 克，胡椒粉 2 克，十三香 5 克，精炼油 500 克

制作方法：

1. 将鲜鲈鱼初工后，带上鱼鳞切成长 4 厘米、宽 6 厘米的块，洗净振干水分，加入葱姜片、盐、绍酒、胡椒粉、十三香腌制 20 分钟，取出葱姜片。
2. 炒锅添入精炼油置旺火上，待油五成热时，下入鱼块，炸约 4 分钟，待鱼鳞焦、鱼肉熟时，捞出装盘即可。

特点：鱼鳞酥脆，鱼肉细嫩

猫山王榴莲燕窝

主料：榴莲肉 300 克

配料：水发燕窝 80 克

调料：蜂蜜 50 克，冰糖 50 克，矿泉水 100 克

制作方法：

将榴莲肉打成蓉，加入矿泉水、冰糖、蜂蜜，放入锅中，上火烧开后，盛入汤盅内，表面放上水发燕窝。

特点：燕窝绵软，榴莲味浓

黑松露素佛跳墙

主料：松茸 80 克，鸡枞菌 80 克，牛肝菌 80 克，老人头菌 50 克，竹荪 50 克，羊肚菌 50 克，黑松露 50 克，黄油菌 50 克

配料：葱花 30 克，姜片 20 克，青豆 10 克

调料：松露油 50 克，盐 5 克，绍酒 10 克，湿生粉 10 克，高汤 500 克，葱油 50 克，精炼油适量

制作方法：
1. 将主料分别切成半寸见方的片，放入四成热的温油中过一下油。
2. 炒锅添入 80 克精炼油，置旺火上，下入葱花、姜片、主料、青豆、盐、绍酒、高汤，烧制 10 分钟，勾入湿生粉，淋上葱油、松露油，出锅盛入餐具中即可。

特点：菌香四溢，汤鲜味醇

凤踏莲

主料：鸡糊 100 克，莲菜 100 克

配料：马蹄粒 20 克，红腰豆 10 克，鲜莲子 30 克，银杏 20 克，葱姜蒜片各 20 克

调料：盐 3 克，绍酒 5 克，鸡汁 5 克，蚝油 10 克，湿生粉 5 克，高汤 100 克，精炼油适量

制作方法：

1. 莲菜切成大薄片，鸡糊加入马蹄粒拌匀、每片莲菜上抹上鸡糊，对叠一下，放入锅中煎熟。
2. 锅中添入精炼油 80 克，下葱姜蒜片、红腰豆、鲜莲子、银杏、高汤、盐、绍酒、鸡汁、蚝油与煎熟的莲菜鸡糊，烧入味后勾入湿生粉出锅。

特点：色泽柿红，鲜嫩爽口

花菇鲍鱼仔

主料：大连鲍鱼仔 8 只（约 500 克）

配料：水发小花菇 100 克

调料：李锦记黑椒汁 20 克，李锦记财神蚝油 10 克，白糖 10 克，绍酒 10 克，高汤 100 克

制作方法：

1. 将大连鲍鱼仔宰杀初加工后，在表面解上十字形花刀，放入水中汆透捞出，上笼蒸熟。
2. 砂锅添入高汤、李锦记黑椒汁、李锦记财神蚝油、白糖、绍酒，与鲍鱼仔、水发小花菇一起烧制 10 分钟后取出装盘。

特点：鲍鱼鲜香，黑椒汁浓，味道醇厚

虫草烧河豚

主料：河豚 1 条（约 500 克）

配料：虫草 2 条，春笋片 50 克，葱段、姜片、蒜子各 30 克

调料：蚝油 30 克，生抽 10 克，白糖 10 克，绍酒 10 克，草菇老抽 1 克，湿生粉 10 克，高汤 500 克，熟猪油 80 克

制作方法：

河豚宰杀洗净去皮用清水反复冲洗，虫草水发后待用。将河豚用油煎一下，加入葱段、姜片、蒜子、高汤、生抽、蚝油、草菇老抽、白糖、绍酒、虫草、春笋片一起烧制，入味后勾入湿生粉，摆入盘中即可。

特点：虫草清香，鱼肉嫩香

松茸炖关东参

主料：关东参 1 条

配料：松茸 100 克，菜心 1 棵

调料：盐 3 克，绍酒 5 克，鸡汤 500 克，鸡汁 5 克

制作方法：

将松茸切成片与关东参、菜心放入碗中，加入调料，上笼蒸 30 分钟即成。

特点：海参软糯，松茸味醇

膏蟹烩豆粉

主料：膏蟹两只

配料：绿豆粉条 200 克，姜片、葱段各 30 克

调料：李锦记财神蚝油 10 克，李锦记生抽 5 克，绍酒 100 克，干生粉 10 克，胡椒粉 2 克，白糖 3 克，高汤 500 克，精炼油 500 克

制作方法：

1. 膏蟹剁成块儿，表面拍上干生粉，放入四成热的油中炸熟捞出。
2. 炒锅添入精炼油 80 克，放置在旺火上，下入姜片、葱段、炸好的蟹块、绿豆粉条与调料，烧制 5 分钟后出锅，盛入盘中。

特点：粉条筋软，蟹肉清香

美极蒜香黄鱼

主料：小黄鱼 400 克

配料：紫苏叶 50 克，玉兰菜 100 克

调料：蒜蓉汁 100 克，李锦记天成一味 10 克，白糖 5 克，李锦记海鲜酱 5 克，李锦记蚝油 5 克，脆炸粉 30 克，精炼油 800 克

制作方法：

1. 小黄鱼片肉加入蒜蓉汁、李锦记天成一味、白糖、李锦记蚝油、李锦记海鲜酱腌制 20 分钟。
2. 将腌好的黄鱼肉加入脆炸粉拌匀，炒锅添入精炼油置旺火上，待油热四成时下入黄鱼肉，炸至表面金黄时捞出，每块黄鱼肉下面放上紫苏叶、玉兰菜，装盘点缀即可。

特点：外脆里嫩，蒜香味醇

黑椒煎酿青头菌

主料：青头菌 300 克

配料：虾蓉 100 克，洋葱粒 50 克

调料：黑椒汁 30 克，葱油 100 克，绍酒 10 克，生抽 10 克，蚝油 10 克，白糖 5 克，湿生粉 5 克，高汤 200 克，黄油 10 克

制作方法：

1. 青头菌洗净，将虾蓉酿入青头菌，逐个做好后待用。
2. 煎锅中放入黄油，置中火上，将酿好的青头菌放入锅中煎熟后，加入洋葱粒、黑椒汁、绍酒、生抽、蚝油、白糖、高汤，烧制 5 分钟后勾入湿生粉，淋入葱油，出锅盛入盘中。

特点：黑椒味浓，菌香味醇

清汤菜心

主料：白菜心 8 棵

配料：熟火腿片 50 克，熟瑶柱丝 50 克

调料：盐 5 克，绍酒 6 克，胡椒粉 1 克，高级清汤 1 千克

制作方法：

1. 白菜心从中间切开，用开水焯一下，均匀地摆放在盘中，中间摆放火腿片、瑶柱丝。
2. 盐、绍酒、胡椒粉、高级清汤调好后浇在白菜心上面，上笼蒸一个小时即可。

特点：白菜软烂，汤清味醇

牛油果官燕

主料：牛油果 300 克

配料：水发官燕 100 克，玫瑰鱼子 30 克

调料：蜂蜜 50 克，冰糖 50 克，矿泉水 100 克

制作方法：

1. 牛油果去皮、核后，加入蜂蜜放在搅拌机中打均匀，装入裱花袋中，挤在香槟杯内。
2. 水发官燕加冰糖、矿泉水用小火炖制 10 分钟，捞出官燕放在牛油果上面，用玫瑰鱼子点缀。

特点：果香四溢，官燕绵软

蟹粉莲蓬鸡

主料：鸡蓉 200 克

配料：菠菜汁 30 克，蟹粉 30 克，青豆 10 克，姜末 10 克

调料：盐 6 克，白糖 3 克，绍酒 6 克，湿生粉 5 克，高汤 100 克，精炼油 50 克

制作方法：

1. 将鸡蓉中加入菠菜汁，搅拌均匀，放入小茶杯内。表面点缀上青豆，制作成莲蓬形，上笼蒸 5 分钟后取出，放入盘中。
2. 炒锅添入精炼油，置于火上。下入姜末、蟹粉，炒香后添入高汤与盐、白糖、绍酒，沸腾后，勾入湿生粉，浇在莲蓬鸡上面。

特点：蟹粉鲜香，鸡肉滑嫩

鸡头米藏木耳

主料：鸡头米 200 克

配料：水发藏木耳 50 克，虾仁丁 50 克，瑶柱丝 50 克，青豆 20 克，火腿丁 20 克

调料：藏红花汁 3 克，盐 3 克，绍酒 6 克，鸡汤 250 克，精炼油 80 克，葱油 10 克，湿生粉 10 克

制作方法：

1. 将主料、配料分别放入开水中氽一下捞出。
2. 炒锅置火上，下入除湿生粉外的调料以及主料、配料，烧制 10 分钟后勾入湿生粉，出锅盛入盘中。

特点：藏木耳软脆，鸡头米鲜香

蟹肉绣球官燕

主料：虾蓉 200 克

配料：水发官燕 100 克，熟蟹肉 50 克

调料：盐 5 克，绍酒 6 克，鸡清汤 200 克，湿生粉 10 克

制作方法：

1. 虾蓉用手挤成核桃大小的虾丸，表面沾匀水发官燕上笼蒸 5 分钟，取出装盘。
2. 炒锅置火上，添入鸡清汤、盐、绍酒、熟蟹肉，待汁沸后勾入湿生粉，出锅浇在菜肴上面。

特点：形如绣球，外软里嫩

花胶鸡头米

主料：水发大花胶 600 克

配料：水发鸡头米 150 克，青豆 30 克

调料：红花汁 3 克，盐 5 克，绍酒 6 克，湿生粉 10 克，高汤 500 克，鸡油 100 克，葱油 50 克

制作方法：

炒锅放置火上，添入高汤，下入水发大花胶、鸡头米、红花汁、盐、绍酒、鸡油、葱油，用小火烧制 30 分钟，待菜肴入味后，勾入湿生粉、撒上青豆，出锅盛入盘中即可。

特点：花胶绵软，色泽金黄

丽花鱼丸

主料：鲢鱼 1 条

配料：枸杞、青萝卜适量

调料：清汤、盐、蛋清、生粉适量

制作方法：

1. 鲢鱼去刺留净肉，放入搅拌机打碎倒入盆内；加入蛋清、盐、生粉打上劲。
2. 锅内加清水，把打好的鱼蓉挤成橄榄形的鱼丸氽熟。
3. 把鱼丸扎在鱼蓉上成丽花形，中心放枸杞点缀，青萝卜刻成花叶形放在丽花周围。
4. 锅内加入清汤，加盐调味，下入做好的丽花鱼丸氽熟即可。

特点：造型美观，鱼肉细嫩，汤清味鲜

炒虾仁带底

这道菜又叫炒虾仁带黄菜底，是一款传统的汴梁风味菜肴。此菜制作时，虾、蛋分别烹制，食时合二为一，以保持虾之鲜味和蛋之软嫩，以姜米、香醋调味蘸食，清爽利口，鲜香无比。陈景和大师烹制此肴尤为擅长，精湛的技艺令人叫绝。

主料：水晶河虾仁 250 克

配料：鸡蛋黄 8 个，西芹丁 50 克，红椒丁 10 克

调料：湿生粉 20 克，清汤 250 克，盐 6 克，绍酒 6 克，香醋 30 克，姜米 10 克，精炼油 100 克

制作方法：
1. 鸡蛋黄加入清汤 200 克、盐 2 克、绍酒 2 克、湿生粉 10 克搅匀，用小火烧熟后盛入碗内。
2. 炒锅添入精炼油置旺火上，待三成热时下入水晶虾仁，划散出锅滗油。炒锅留少许油，重放火上，下入剩余的清汤、盐、绍酒和水晶虾仁、西芹丁、红椒丁，翻两个身出锅盛在蛋黄上面，上菜时跟带姜米、香醋。

特点：虾仁爽脆，鸡蛋软嫩

青椒炒鲍鱼

主料：鲜鲍鱼 300 克

配料：青椒 100 克，葱姜蒜片各 30 克

调料：蚝油 10 克，生抽 5 克，盐 5 克，绍酒 10 克，湿生粉 5 克，高汤 100 克，精炼油 500 克，葱油适量

制作方法：

1. 鲜鲍鱼表面剞上十字花刀，青椒切成块，分别放入四成热的油中划一下捞出。

2. 炒锅添入精炼油 50 克，置旺火上，下入葱姜蒜片炝锅后，再下入鲍鱼、青椒与蚝油、生抽、盐、绍酒、高汤，翻炒几下，勾入湿生粉，出锅淋葱油，盛入盘中。

特点：鲍鱼软烂，椒香味醇

葱油百合

主料：兰州百合 400 克

配料：火腿蓉 30 克，香菜碎 30 克，干葱头 100 克，蒜子 50 克

调料：盐 2 克，绍酒 5 克，葱油 500 克

制作方法：
将兰州百合切去两头，洗净，把干葱头、蒜子放入砂锅内，上面摆上百合，加入葱油置小火上，用小火慢慢浸熟后，滗出葱油，加入盐、绍酒，表面撒上火腿蓉、香菜碎，出锅即可。

特点：百合甜香，口感软绵

赛鲍鱼

主料：香菇 300 克

配料：虾蓉 150 克

调料：盐 3 克，绍酒 6 克，蚝油 50 克，生抽 5 克，白糖 5 克，葱油 100 克，湿生粉 30 克，高汤 100 克

制作方法：

1. 香菇放入水中焯一下捞出，表面解上十字花刀，酿入虾蓉，上笼蒸 5 分钟取出，装入鲍鱼壳内。
2. 炒锅放置火上，添入葱油，下盐、绍酒、蚝油、生抽、白糖、高汤，汁沸后勾入湿生粉，出锅将汁浇在菜肴上面。

特点：形似鲍鱼，软香可口

煎酿松茸

主料：松茸 300 克

配料：虾蓉 200 克

调料：盐 3 克，绍酒 6 克，葱姜汁 50 克，葱油 100 克，蛋清 1 个，生粉 30 克

制作方法：

1. 虾蓉放入盐、绍酒、葱姜汁、蛋清、生粉，顺着一个方向搅打上劲，待用。
2. 松茸顺长切成 0.5 厘米厚的片，将虾蓉放在松茸上，放入锅中加葱油用小火两面煎至微黄，出锅装盘即可。

特点：虾蓉脆爽，松茸清香

秘制小牛肉

主料：澳洲和牛 300 克

配料：葱段 50 克，姜片 30 克，香菜 10 克，洋葱 50 克，秘制大料 30 克

调料：蚝油 10 克，红烧汁 5 克，生抽 10 克，白糖 10 克，绍酒 90 克，高汤 500 克，精炼油 80 克

制作方法：

1. 澳洲和牛切成 1 寸长、0.5 寸宽的块状，放入开水中汆一下。
2. 砂锅添入精炼油，下入配料，炒香后加入主料和调料，用小火慢慢烧制两个半小时，出锅，盛入盘中。

特点：牛肉软烂，酱香悠长

莲花鸭签

签乃纤细之意，即以物料之纤细之丝烹制的菜肴。签类菜是古城开封的传统菜，盛行于北宋时期的汴京食肆之中。《东京梦华录》记载的签类菜肴就有鸡签、鹅签、荤素签、羊头签、莲花签、蝤蛑签、奶房签等。到了元代，签菜亦称为“鼓八签”，被视为皇宫珍肴。“莲花鸭签”是将鸭肉切丝，配上冬笋丝、冬菇丝、鱼糊、葱椒，用猪花油网卷裹成签状，抹蛋清糊炸制后改刀装盘成形。食用时蘸花椒盐，颇具风味。

主料：鸭脯肉 200 克，花油网 200 克

配料：鱼糊 100 克，冬笋丝 50 克，冬菇丝 50 克，葱椒泥 10 克

调料：盐 6 克，胡椒粉 1 克，绍酒 6 克，蛋清 2 个，湿生粉 30 克，精炼油 1 千克

制作方法：

1. 将鸭脯肉切成细丝，加入鱼糊、冬笋丝、冬菇丝、葱椒泥和盐、胡椒粉、绍酒拌匀，放在花油网上面卷成直径 1.5 厘米粗的卷。将蛋清、湿生粉调成糊，均匀地抹在卷上面。
2. 放入五成热的油中炸熟，取出，斜刀切成块，摆放在点缀好的盘中。

特点：外脆里嫩，鸭肉鲜香

黄椒酱蒸大黄鱼

主料：大黄鱼 1 条

调料：黄椒酱 200 克，香葱花 50 克，花雕酒 50 克，葱油 100 克，盐 5 克

制作方法：

大黄鱼去骨后切成 3 厘米宽的段，加入花雕酒、盐腌制 5 分钟，放入盘中，鱼肉上面放上黄椒酱，上笼蒸 6 分钟，撒上香葱花，淋上葱油即成。

特点：鱼肉鲜嫩，椒香四溢

葱香鸡油菌

主料：鸡油菌 300 克

调料：葱油 50 克，盐 5 克，花雕酒 5 克，花椒油 10 克

制作方法：
鸡油菌放入开水中焯一下捞出，加入调料拌匀即成。

特点：菌香四溢，清爽适口

鱼子牛筋冻

主料：牛蹄筋 500 克

配料：鱼子 200 克，鱼子酱 50 克，葱段、姜片各 30 克，大料 30 克

调料：葱油 50 克，盐 5 克，花雕酒 5 克，花椒油 10 克，生抽 10 克，白糖 5 克，蚝油 50 克

制作方法：

1. 牛蹄筋放入开水中焯一下捞出，加入葱段、姜片、大料、调料上笼蒸 2 小时，取出倒在盛器内，挑出葱、姜、大料，上面放上鱼子。
2. 晾凉后切成 3 厘米见方的块，摆放在盘中，点缀鱼子酱即可。

特点：牛筋软滑，鱼子清香

锦绣裙边

主料：水发裙边 600 克

配料：红椒丝 50 克，土芹段 50 克

调料：蚝油 10 克，绍酒 6 克，生抽 10 克，高汤 100 克，湿生粉 20 克，熟猪油 80 克

制作方法：
1. 水发裙边切成 1 厘米宽、5 厘米长的条，与红椒丝、土芹段放入沸水中焯一下捞出。
2. 炒锅置火上，添入熟猪油、裙边条、红椒丝、土芹段与蚝油、绍酒、生抽、高汤，用大火翻炒 1 分钟，勾入湿生粉，出锅盛入盘中。

特点：裙边软烂，营养丰富

凤虾鱼肚卷

主料：大虾 6 只

配料：水发鱼肚 100 克，鱼蓉 100 克

调料：盐 3 克，绍酒 6 克，高汤 200 克，红花汁 2 克，湿生粉 10 克，精炼油 100 克

制作方法：

1. 大虾去头、壳，留尾，挑出虾线。
2. 水发鱼肚片成 2 寸长、1 寸宽的片，表面抹上一层鱼蓉，放上一只虾，卷成凤虾鱼肚卷。逐个做好后，上笼蒸 6 分钟，取出摆放在盘中。
3. 炒锅添入精炼油，加入高汤、盐、绍酒、红花汁，待汁沸后，勾入湿生粉，出锅将汁浇在菜肴上面。

特点：色泽金黄，鱼肚绵软，虾肉爽脆

脆皮榴莲

主料：鲜榴莲肉 500 克

配料：蛋皮 200 克

调料：冰糖 200 克，精炼油适量

制作方法：

1. 蛋皮用直径 1 寸的圆形模具按压成蛋片后，放入四成热的油中炸成球形。

2. 炒锅中加入 50 克油，放入冰糖炒化，呈琥珀色时挂在蛋球表面，晾凉。将鲜榴莲肉搅碎装入裱花袋中，分别挤入蛋球内即可装盘。

特点：外脆内软，榴莲香浓

百花墨鱼卷

主料：鲜墨鱼 400 克

配料：虾蓉 300 克

调料：盐 3 克，绍酒 6 克，葱姜汁 50 克，葱油 100 克，蛋清 1 个，生粉 30 克，精炼油适量

制作方法：

1. 虾蓉放入盐、绍酒、葱姜汁、葱油、蛋清、生粉，顺着一个方向搅打上劲，分别酿入表面剞上花刀的墨鱼内，上笼蒸 5 分钟，取出，直切成 2 厘米厚的墨鱼块。
2. 炒锅添入精炼油置火上，下入墨鱼块，两面煎至微黄色，出锅摆放在盘中。

特点：墨鱼爽脆洁白，虾肉鲜香滑嫩

“菜心扒广海”是豫菜中的一款精品扒菜。此菜肴系百年陈家菜代表作品之一，具有“扒菜不勾芡，汤汁自来黏”的特色。海参选用上乘的刺参，与水发广肚合烹为肴，色泽典雅，口味鲜香。

主料：水发刺参 100 克，水发广肚 200 克

配料：菜心 4 棵，熟猪肘肉 100 克，熟鸡腿 2 个，葱段 50 克，姜片 30 克

调料：奶汤 500 克，盐 10 克，绍酒 10 克，三合油 50 克，精炼熟猪油 50 克

制作方法：

1. 水发刺参卧刀片成大片，水发广肚切成 5 厘米长、1.5 厘米宽的片，分别放入开汤中汆透捞出。
2. 将刺参片整齐地摆放在竹锅垫中间，周围摆放水发广肚片，上面放葱段、姜片、熟肘肉、熟鸡腿。
3. 炒锅添入精炼熟猪油、奶汤，下入盐、绍酒。下入摆放好“广海”的竹锅垫，汁沸后换用小火慢慢扒制，待汁浓菜肴入味时取出。菜心焯熟摆放在菜肴周围。锅内原汁淋入三合油，出锅浇在菜肴表面即可。

特点：原料软烂，汤汁洁白

凹鸡蛋

凹鸡蛋是将鲜蛋打散，加入鸡清汤、调料，在汤锅中采用“凹”的技法制作而成。成菜汤鲜味醇，营养丰富，蛋嫩如脑。

主料：鸡蛋 5 个

配料：火腿蓉 10 克

调料：盐 4 克，味精 3 克，料酒 10 克，鸡清汤 1 千克

制作方法：

1. 鸡蛋磕入碗里，加入 4 勺凉的鸡清汤及料酒 4 克、盐 1 克，搅匀成糊。
2. 锅放火上，添入凉的鸡清汤，加入盐 3 克、料酒 6 克和味精，将鸡蛋糊边倒边搅锅陆续倒入锅内；搅匀后加盖，微沸时端离火口，稍后继续上火、转锅，至鸡蛋凝固起锅，盛入碗内，撒上火腿蓉即成。

特点：鸡蛋鲜嫩，入口即化

酸辣烩鱼翅

主料：水发鱼翅 100 克

调料：酸黄瓜汁 30 克，胡椒粉 2 克，盐 5 克，绍酒 8 克，湿生粉 5 克，高汤 500 克，三合油 50 克

制作方法：
将水发鱼翅汆一下捞出，加入酸黄瓜汁、胡椒粉、盐、绍酒、高汤、三合油，烩制 10 分钟，勾入湿生粉，出锅，盛入汤盅内。

特点：鱼翅软烂，酸辣适口

什锦全家福

主料：水发南非干鲍 100 克，水发花胶肚 100 克

配料：瑶柱 80 克，口蘑 80 克，裙边 80 克，羊肚菌 50 克，海参 80 克，鱼翅 50 克

调料：鲍鱼汁 200 克，蚝油 50 克，绍酒 10 克，白糖 5 克，生抽 10 克，老抽 3 克，高汤 1 千克，葱油 20 克，鸡油 50 克，猪油 50 克

制作方法：
1. 将主料、配料分别改刀切片，整齐地摆放在竹锅垫上面。
2. 炒锅置旺火上，添入鸡油、猪油，下入除葱油外的调料，放入摆放好的竹锅垫，大火烧开，小火扒制 30 分钟后，淋入葱油，出锅，翻扣入盘中。

特点：原料丰富，口味浓香

豫味龙虾球

主料：澳龙1只（约2.5千克）

配料：辣椒50克，葱段80克，花椒10克

调料：盐8克，生抽5克，香醋5克，胡椒粉1克，湿生粉10克，干生粉10克，高汤100克，精炼油500克，葱油10克

制作方法：
1. 澳龙宰杀后剁成大块，表面拍上干生粉，放入四成热的油中炸熟，捞出。
2. 炒锅添入精炼油80克，置旺火上，下入配料炒香后，再下入炸熟的龙虾块与盐、生抽、香醋、胡椒粉、高汤，烧制入味后勾入湿生粉，淋葱油出锅。

特点：鲜香微辣，风格独特

三丝荷花卷

主料：鲜荷花 2 朵，虾蓉 100 克

配料：香菇丝、笋丝、火腿丝各 50 克

调料：盐 5 克，绍酒 8 克，胡椒粉 1 克

制作方法：

1. 鲜荷花用开水烫一下。
2. 将虾蓉与配料、调料放一起拌成三鲜馅，放在鲜荷花瓣上，卷成卷，上笼蒸 5 分钟，取出装盘。

特点：荷花清香，软嫩适口

山药烧鲍鱼

主料：南非鲍鱼 10 只

配料：铁棍山药 250 克，葱段 50 克

调料：鲍鱼汁 100 克，蚝油 10 克，绍酒 10 克，白糖 5 克，生抽 8 克，高汤 500 克，精炼油 500 克

制作方法：
1. 将铁棍山药切成 1 寸长的段，与葱段分别放入油中炸熟捞出。
2. 砂锅中加入南非鲍鱼、山药段、葱段与鲍鱼汁、蚝油、绍酒、白糖、生抽、高汤，用小火烧制 20 分钟，即可出锅装盘。

特点：鲍鱼筋软，醇香四溢

香糟四拼

主料：大虾 100 克，金钱肚 100 克，毛豆 100 克，花生 100 克

调料：酒糟汁 500 克，盐 10 克，花雕酒 50 克

制作方法：

1. 将大虾、金钱肚、毛豆、花生分别蒸熟后晾凉。
2. 酒糟汁加盐、花雕酒调好味后放入四种原料，醉腌 24 小时后，取出装盘。

特点：糟香四溢，营养丰富

狼肚菌炖松茸

主料：松茸菌 100 克，狼肚菌 100 克

调料：盐 3 克，绍酒 5 克，高级清汤 500 克

制作方法：

1. 松茸菌切成片，狼肚菌切成 2 厘米长的段，分别放入开水中焯一下捞出，放入汤盅。
2. 盐、绍酒、高级清汤调好后盛入汤盅，上笼蒸 1 个小时即可。

特点：松茸清香，狼肚菌清爽，汤清味醇

牡丹活鲍

"牡丹活鲍"是陈家菜第五代掌门人陈伟在传统官府菜"牡丹鲍鱼"的基础上，融合当今健康养生饮食理念改进而成，是新派官府菜的精品。

"牡丹活鲍"体现了陈家菜的两大绝活：

第一，刀工精湛。用刀将鲜活鲍鱼片成薄可映字的薄片，再巧手拼出一朵牡丹。

第二，善于用汤。以滚烫的高级清汤快速浇淋使鲍片瞬间被烫熟。

主料：活鲍 1 只

调料：顶汤 500 克，盐 2 克

制作方法：

将活鲍片成薄片，用手卷成牡丹花形，放入汤碗中。顶汤加盐，烧开后盛入壶中，上桌时将开汤浇在卷成牡丹花形的鲍鱼上面。

特点：造型逼真，口感清爽

法国洋蓟炖老鸡

主料：老鸡 600 克

配料：法国洋蓟 1 朵，黄蘑菇 100 克，火腿 50 克，瑶柱 50 克，赤肉 100 克，葱段 50 克，姜片 30 克，凤爪 100 克

调料：盐 6 克，绍酒 10 克，清汤 1 千克

制作方法：

将老鸡剁成核桃大小的块，赤肉切成 2 厘米见方的块，与法国洋蓟、黄蘑菇、火腿、瑶柱、凤爪都放入开水中焯一下，捞出放在汤盆内，加入葱段、姜片与调料，一起上笼蒸 3 个小时即可。

特点：汤鲜味浓，肉烂酥香

葛仙米鮰鱼肚

主料：鲜鮰鱼肚 100 克

配料：水发葛仙米 50 克，熟野米 30 克

调料：盐 5 克，绍酒 8 克，高汤 100 克，湿生粉 5 克，鸡油 30 克

制作方法：

1. 鲜鮰鱼肚洗净，上笼蒸熟。
2. 炒锅添入鸡油，下入配料、盐、绍酒、高汤、熟鮰鱼肚，用小火煨制 10 分钟后勾入湿生粉，出锅盛入盘中。

特点：鱼肚筋软，汤鲜味美

羊肚菌炖鸭舌

主料：水发羊肚菌 50 克

配料：熟鸭舌 30 克，瑶柱 2 粒，菜心 1 棵

调料：盐 3 克，绍酒 5 克，胡椒粉 1 克，清汤 300 克

制作方法：

将羊肚菌、鸭舌、瑶柱加入调料，放入汤盅内。上笼蒸一小时，取出，放入焯熟的菜心即可。

特点：汤鲜味醇，鸭舌软烂

海盐煎和牛

主料：澳洲和牛 500 克

调料：海盐 10 克

制作方法：

将澳洲和牛肉切成 1 寸见方的丁，放在煎锅中煎至七成熟，装盘，表面撒上海盐即可。

特点：牛肉滑嫩，海盐咸香

松露汁铁棍山药烧两头鲍

主料：大网鲍 1 只

配料：铁棍山药段 50 克，葱段 50 克

调料：松露汁 10 克，鲍鱼汁 50 克，蚝油 10 克，绍酒 8 克，白糖 5 克，生抽 10 克，高汤 500 克，葱油 10 克，三合油 50 克，精炼油 500 克

制作方法：

1. 将铁棍山药段与葱段分别放入精炼油中炸熟捞出。
2. 砂锅添入三合油，置小火上，下入大网鲍、山药段、葱段与鲍鱼汁、蚝油、绍酒、白糖、生抽、高汤，煨制 30 分钟后，出锅淋入葱油，盛入鲍鱼壳内。

特点：鲍鱼筋软，回味悠长

煎法国鹅肝配蜜汁山楂

主料：法国鹅肝 150 克

配料：蜜汁山楂 2 颗，松茸 1 棵

调料：鲍汁 50 克，黄油 100 克

制作方法：
将法国鹅肝用低温慢煮的方法制好后，切成 2 厘米厚的块，放入煎锅中，加入黄油与松茸，一起煎至两面金黄，出锅装盘，浇上鲍汁，蜜汁山楂点缀在盘边。

特点：鹅肝软嫩，浓香适口

脆皮虾蓉荷花卷

主料：虾蓉馅 300 克

配料：鲜荷花 1 朵，马蹄粒 50 克

调料：盐 5 克，绍酒 6 克，蛋清 1 个，湿生粉 10 克，脆炸粉 50 克，精炼油 500 克

制作方法：

将虾蓉馅加入马蹄粒、盐、绍酒搅拌匀，用鲜荷花瓣卷成直径 2 厘米粗的卷，放入用蛋清、湿生粉、脆炸粉调好的糊中。表面挂上糊，放入四成热的油中炸熟，取出，用刀斜切后装盘。

特点：虾肉爽嫩，荷花清香

酥 皮 榴 莲 卷

主料：金枕头榴莲肉 300 克

配料：酥皮 200 克

调料：白糖 50 克

制作方法：

1. 将金枕头榴莲肉打成蓉。
2. 酥皮用模具做成直径 2 厘米的卷，表面沾上白糖，放入 180 ℃的烤箱内，烤熟后取出。
3. 将榴莲蓉挤入酥皮卷内即可。

特点：外酥内糯，香甜味浓

榴莲八宝饭

主料：糯米 200 克，榴莲肉 100 克

配料：红枣 50 克，红腰豆 50 克，粟米粒 50 克，花生 50 克，莲子 50 克，葡萄干 50 克，桂圆肉 30 克，青红丝 30 克

调料：白糖 100 克，蜂蜜 50 克，熟猪油适量，矿泉水 200 克

制作方法：

1. 糯米加入矿泉水上笼蒸八成熟，取出，加入桂圆肉、青红丝、白糖，拌匀。
2. 取蒸碗一只，抹上熟猪油，将配料摆放在碗中，再放入榴莲肉与熟糯米，上笼蒸十分钟，取出，翻扣入盘中，浇上蜂蜜即可。

特点：米香软糯，榴莲味浓

山水墨鱼饺

主料：虾仁三鲜馅 300 克

配料：高筋面粉 200 克，墨鱼汁 30 克，姜蓉 10 克

调料：盐 5 克，绍酒 8 克，香油 10 克，矿泉水 30 克

制作方法：

1. 高筋面粉一半加入墨鱼汁和成面团，另一半加入矿泉水和成面团，两种面团放在一起，下成 20 克的面剂。
2. 虾仁三鲜馅加入盐、绍酒、香油、姜蓉拌均匀，用面剂分别包入馅，呈山水形。放入开水锅中煮熟，捞出装盘即成。

特点：造型美观，外筋里嫩

四喜糕

“四喜糕”由陈永祥大师在清末创制，也是慈禧太后非常喜欢的一道甜品。1901年，慈禧太后辛丑回銮路过开封府，恰逢她66岁大寿，开封府为她准备“万寿庆典”，陈永祥大师精心制作了这道甜品供奉，受到慈禧太后的赞赏。此后，四喜糕作为陈家菜的一道甜品流传至今。

主料：豌豆蓉 100 克，红小豆蓉 100 克，紫薯蓉 100 克，青豆蓉 100 克

调料：冰糖 100 克，明胶 40 克，矿泉水 400 克

制作方法：

将豌豆蓉、红小豆蓉、紫薯蓉、青豆蓉分别加入矿泉水、冰糖、明胶，上笼蒸化后，分别倒入模具，晾凉成糕，切成 3 厘米见方的丁，分别装入盘中。

百子寿桃（郑州市非物质文化遗产）

“百子寿桃”是陈家菜代表名点之一，1901年末，陈永祥大师在慈禧太后万寿庆典宴上制作的百子寿桃，深受慈禧太后喜爱，从此代代相传。后由第五代掌门人陈伟传授给徒弟王伟强，经过不断改良，现在采用天然菜汁上色，用料低糖、低油，更加符合现代人的口味和需求。

主料：面粉 500 克

配料：松子仁、核桃仁、腰果、芝麻、花生各 50 克

调料：菠菜汁 10 克，红菜头汁 10 克，白糖 100 克，酵母 6 克，鲜牛奶 200 克，黄油 70 克，盐 5 克，蜂蜜 80 克

制作方法：
1. 菠菜汁加适量面粉制成桃叶。将面粉加入白糖、酵母、牛奶、黄油、盐和成面团，醒 15 分钟后，下剂每个 35 克。
2. 将配料加入蜂蜜拌匀，制成百果馅，用面剂分别包入百果馅，放入醒发箱醒发 45 分钟，放入烤箱，上火 200 ℃、下火 180 ℃烤制 15 分钟。将制成的桃叶贴在寿桃上，再烤 3 分钟，取出后用喷枪加入红菜头汁，喷在桃嘴上面即可。

特点：口感松软，造型逼真，祝寿佳品

鲜鲍烩春笋

主料：大连鲜鲍鱼 300 克

配料：春笋 200 克，菜薹 50 克

调料：盐 6 克，绍酒 8 克，胡椒粉 1 克，高汤 500 克，湿生粉 10 克，葱油 10 克，精炼油 50 克

制作方法：

1. 大连鲍鱼放入压力锅压 10 分钟后片成片，春笋切片。
2. 炒锅添入精炼油，置旺火上，下入春笋、鲍片、菜薹与盐、绍酒、胡椒粉、高汤烩制 10 分钟后，勾入湿生粉，淋入葱油，出锅，盛入盘中。

特点：鲍片软糯，笋片爽脆